安全伴我行 家居 生活 工作

图说三字经

执行主编：刘光龙

编委会：曾明荣 拜孝林 孔 群 赵宏坤 吕坚文

龚 慧 任智刚 何 奕

中国劳动社会保障出版社

图书在版编目（CIP）数据

安全伴我行：图说三字经 / 上海电气集团股份有限公司，中国安全生产科学研究院编. —北京：中国劳动社会保障出版社，2017

ISBN 978-7-5167-3038-6

Ⅰ . ①安… Ⅱ . ①上… ②中… Ⅲ . ①安全教育 – 普及读物 Ⅳ . ① X925–49

中国版本图书馆 CIP 数据核字（2017）第 157990 号

中国劳动社会保障出版社出版发行

（北京市惠新东街 1 号 邮政编码：100029）

*

三河市潮河印业有限公司印刷装订 新华书店经销

787 毫米 × 960 毫米 16 开本 12 印张 209 千字

2017 年 7 月第 1 版 2017 年 7 月第 1 次印刷

定价：**35.00 元**

读者服务部电话：（010）64929211/64921644/84626437

营销部电话：（010）64961894

出版社网址：http ://www.class.com.cn

上海电气安全生产、环境保护方针

人的生命高于一切，畅享安全、绿色制造、共创未来。

——黄迪南

安全生产、环境保护目标

对标国际一流，构建以标准化管理为支撑的制度体系，以安全生产、环境保护责任清单为抓手的责任体系，以安全生产、环境保护垂直职能分配为核心的职能体系，形成集团安全生产、环境保护工作多边化、多维度的生态化管理监督工作格局。

——郑建华

编者按

  本篇遵循"人的生命高于一切"的核心价值观，落实畅享安全的理念，以直观、可析、寓教的方法，图文并茂地展现家居、生活、工作等可涉及的安全常态，重在提供可判断的风险处理，并在可预见状态下，以通俗易懂的语言和漫画，提供警示。

  我们期望本书可以帮助广大读者，掌握一定的安全方法和知识，知危识险、知危避险，珍惜生命、重视安全、热爱健康、享受幸福。

  由于我们知识水平有限，内容编纂尚有不足之处，敬请谅解，也恳请广大读者不吝批评指正。

目 录

家居生活篇

（一）安全健康准则 ·· 3

（二）家居生活安全 ··· 9

　1. 家居生活要则 ··· 9

　2. 家居生活自救自护常识 ····································· 16

　3. 家居用电 ··· 22

　4. 燃气（天然气）·· 28

　5. 食品 ··· 32

　6. 出行 ··· 39

　　（1）行人 ·· 39

　　（2）行车 ·· 44

　　（3）公交 ·· 51

　　（4）船舶 ·· 53

（5）地铁 ··· 55

（6）火车 ··· 58

（7）飞机 ··· 61

（8）电梯（厢式） ······································ 64

（9）自动扶梯 ··· 69

（10）楼梯、过道 ·· 71

（11）溺水 ·· 74

7. 外出旅游 ·· 77

8. 雾霾 ·· 83

9. 家居火灾 ·· 86

10. 灾害天气 ·· 93

（1）冰雪 ·· 93

（2）暴雨 ·· 96

（3）雷击 ·· 99

（4）高温 ··· 105

（5）大风 ··· 108

生产工作篇

（一）劳动纪律···113

（二）机电设备操作···121

（三）临时用电···127

（四）受限空间作业···130

（五）危险化学品使用···134

（六）厂内机动车···138

（七）高处作业···141

（八）动火作业···147

（九）防火···151

（十）起重装卸···154

（十一）建筑安装···158

（十二）职业病防护···161

（十三）消防常识···164

　（1）灭火器使用···164

（2）高楼火灾···168

（3）人员密集场所火灾···172

（4）汽车火灾···176

（十四）集体活动··180

家居生活篇

（一）安全健康准则

人之生　命为天

保健康　重安全

优教育　讲道德

学习安全生产法律法规

学知识　遵规则

人与人　互关爱

言与行　要文明

讲卫生　慎饮食

勤清洁　重环保

身有恙　要医治

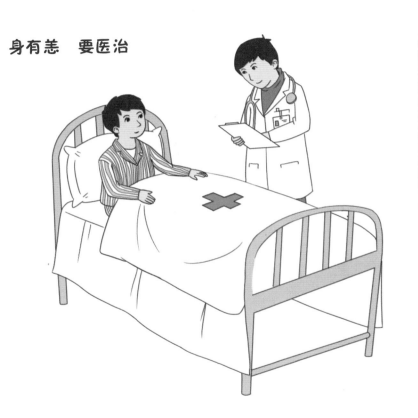

安心态　提精神

禁与忌　辨危险

常预防　身体安

（二）家居生活安全

1. 家居生活要则

家中事　要熟记

重要事　勿外传

遇生人　勿开门

辨身份　慎应对

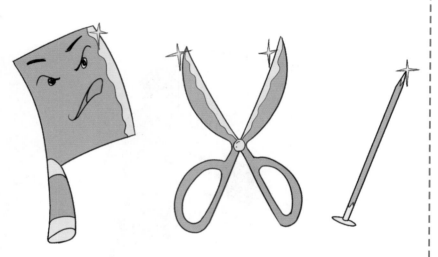

危险物　刀剪钉

慎保管　莫乱放

易燃物　慎置放
高温处　勿靠近

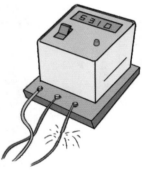

水电气　防泄漏

外出行　须关闭

要登高　措施到

洗浴时　防跌倒

避险地　重平安

结伴游　作攻略

遇险情　急救护

危急时　110

2. 家居生活自救自护常识

被烫伤　凉水冲

遇灼伤　勿包扎

出血多　扎动脉

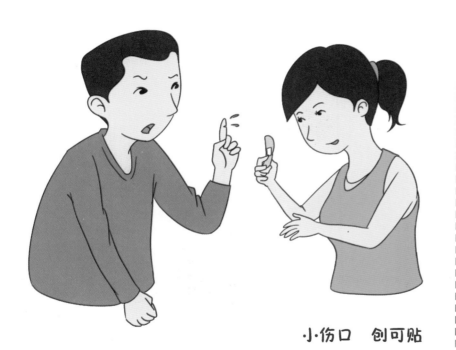

小伤口　创可贴

吃坏肚　先催吐

多喝水　去毒素

中暑时　正气水

快散热　降体温

脚扭伤　可冷敷

骨损伤　先固定

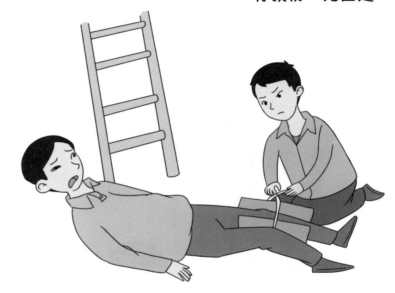

脚抽筋　腿伸直

快揉捏　可缓释

游泳时　避雷雨
　　体不适　快停止

狗咬伤　勿包扎
　　速就医　注疫苗

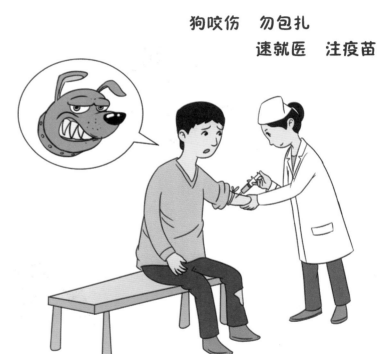

3. 家居用电

电老虎　无影踪

伤性命　勿看轻

电气线　要规范

不乱接　勿超载

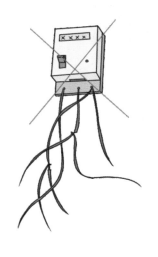

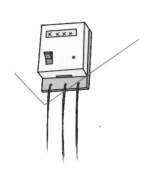

小·家电　谨慎用

遇潮湿　勿送电

电插头　慎插拔

移动时　勿硬拽

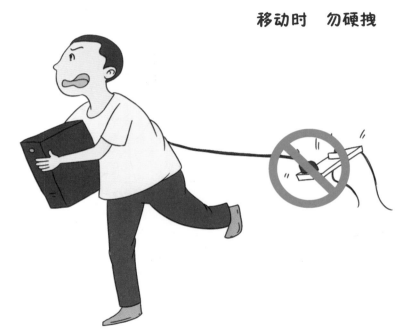

老和幼　要告知　　电火灾　勿水灭

查原因　勿擅动

遇故障　关电源

4. 燃气（天然气）

天然气　性情爆

　　勿轻视　要当心·

睡觉前　关总阀

　　厨房窗　须常开

塑胶管　定期换

燃气管　勿擅改

燃气表　莫自拆

勤检查　防泄漏

有泄漏　开门窗
不用电　勿动火

浓度高　离现场
为平安　快报警

5. 食品

人之生　食为先

讲卫生　新绿鲜

三无品　不进门

质检合格

入口物　先查验

食用油　保质期
　　　分类用　忌高温

蛋脂物　不发黏

内文字：

食用油

不适用于油炸食品，
烹饪温度低于240°

保质期：12个月

腌制品　无杂味

熟饭菜　忌隔夜

水产品　要保鲜

米粉面　防霉变

蔬果类　要新鲜

电冰箱　不保险

熟食

生食

分生熟　洁餐具

6. 出行

(1) 行人

出家门 遵交规

人步行　重避险

红灯停　绿灯行

多人行　勿并肩

　　横道线　莫停歇

招出租　路边等

右门进　安全带

雨天行　防护全

冰雪天　防滑溜

夜间行　细察看
　　避坑洼　防坠跌

(2) 行车

车分道　不抢行

道路行　重规则
生与死　一瞬间

禁酒驾　勿超速

遇行人　须礼让

绿灯行　红灯停

遇弯道　须减速

冰雨雪　要缓行

驾车行　安全带

电摩车　戴头盔

老幼乘　坐在后

有幼儿　童椅坐

驾车人　忌手机

头与手　不外伸

49

天气恶　公交先

谨慎行　保平安

（3）公交

乘公交　讲秩序

老孕幼　须礼让

危险品　不携行

有异常　人撤离

（4）船舶

上下船　守秩序

勿踏空　不攀爬

禁限区　莫通行

遇险情　救生衣

（5） 地铁

进地铁　要守则
　　安全线　莫擅越

乘车中　找依靠
　　握扶手　不塞道

车开动　少挪移
　　有空座　莫争抢

紧急呼叫

身不适　速求援

有危情　速避险

(6) 火车

乘火车　提前到

过安检　知禁忌

按座位　须对号

禁烟火　禁危品

有险情 快报警

（7）飞机

乘飞机　要早到

过安检　勿违规

进客舱　对号坐

安全带　须系牢

有异常　叫空服

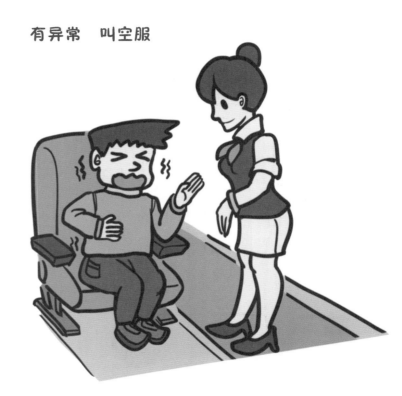

关手机　莫乱跑

（8）电梯（厢式）

等电梯　两边立
　　梯门开　先观察

选楼层　莫敲击

楼层到　要礼让

老幼宠　要看护

　　燃爆物　勿带入

不倚门　不掰门
　　不吸烟　不嬉戏

若超载　即退出

遇火灾　快避开

故障

呼救

遇故障　莫惊慌
按警铃　求救援

遇下坠　倚边站　　身半蹲　紧护头

（9） 自动扶梯

上下梯　有秩序
　　先观察　勿踏空

抓扶手　防滑跌

身上物　防卷入　　遇故障　莫慌张

按红钮　求救援

（10）楼梯、过道

上下楼　过道中
　　靠右走　让急行

人多时　勿拥挤
　　互关怀　让老幼

梯口旁　勿停留

栏杆边　忌推挤

走过道　勿奔跑

雨雪天　防滑跌

（11） 溺水

临水边　观地形
　　不识水　勿轻入

人落水　莫慌张
　　身放松　轻呼吸

高声喊　弃重物

　　随水浮　近岸边

伏吐水　口呼吸

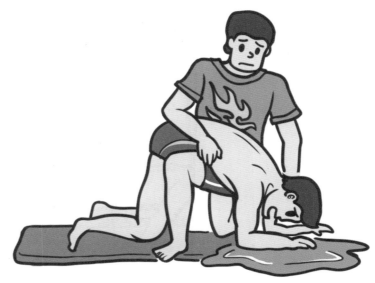

再不醒　速送医

7. 外出旅游

安为先　忌病游

文明行　重风俗

自由行　辨风险

团队游　慎独行

观展时　莫拥挤

山路行　勿恋景

海边游　避深水

漂流游　救生衣

逛草原　勿自骑

赴高原　避禁忌

林间行　禁火种

沙漠游　水备足

8. 雾霾

关门窗　净空气

出门行　戴口罩

多果蔬　多吃鱼

少外出　不吸烟

别抽烟！

勤喝水　勤润口

勤洗鼻　勤沐浴

9. 家居火灾

有火险　快报警
119　常记心

会自救　懂逃生
人为先　勿恋财

棉物火　用水灭

油气火　避水淋

电气火　断电源

酒精火　锅盖灭

煤气火　湿被压

室内火　禁开窗

逃生时　讲方法
　　湿毛巾　捂口鼻

湿衣裹　贴地行

火封门 湿被挡

火上身 快打滚

逃不出 上阳台

10. 灾害天气

（1）冰雪

冰雪天　防冻害

装备全　重防护

人步行　防滑跌

驾车行　须慢速

少骑车　不奔跑

积雪困　速报警

95

（2） 暴雨

大暴雨　有险害

关门窗　慎出行

人在外　登高处

驾车行　远洼地

人车淹　紧抓物

勿轻离　待救援

（3）雷击

雷雨天　险象多

知危害　会避险

人在家　闭门窗

断家电　居屋中

人在外　须避险

不奔行　忌金属

关手机　勿牵行

孤物下·莫藏身

在旷野　观天象

欲步行　蹲着走
　　手扰起　身弯曲

闪电多　人蹲下

（4）高温

日头高　少户外

限作业　防灼害

饮食淡　睡眠足

常喝水　少冰冻

离热源　宽衣带

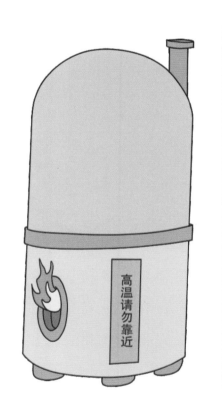

高温请勿靠近

汗擦干　细凉风

（5）大风

大风刮　远离墙

在野外　横向行

地下室　可避灾

居室内　离门窗

莫撑伞　离坠物

逃不及　趴洼地

生产工作篇

（一）劳动纪律

上岗前　学安技

不合格　不上岗

操作间

上班前　禁喝酒

生 产 车 间

衣不整　拒入厂

进厂区　明规章

禁入区　勿擅行

作业前　穿戴齐

疲急累　忌作业

劳防品　正确用

襟袖扣　要系牢

设备转　勿清洗

运行中　禁维护

在岗时　勿睡觉

禁私活　勿干扰

废弃物　要管好

作业完　整理好

（二）机电设备操作

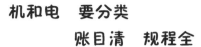

机和电　要分类

　　账目清　规程全

谁使用　谁保管

操作者　要培训

日点检　不能缺
　　须保养　分三类

交接班　要严格
　　谁接班　谁负责

维修中

检修时　有措施

做保养　重禁忌

十不焊　要牢记

电气活　要专业

绝缘损　停使用

设备坏　须警示

未修复　禁使用

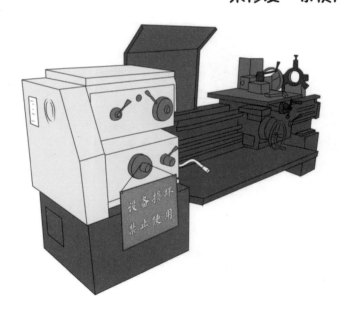

设备损坏
禁止使用

126

（三）临时用电

暂用电　须持证

无电工　不能动

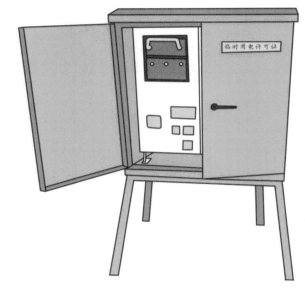

作业区　辨风险

127

行措施　应监护

须告警　要挂牌

监护

不断电　勿施工

按程序　分先后
**　须清场　详记录**

（四）受限空间作业

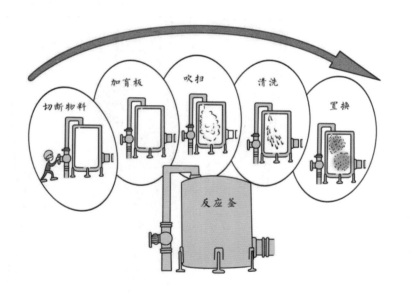

先清洗　再换气

检测后　可作业

作业者　须持证

定时间　设监控

131

作业时　防护全

有异常　即停工

作业长　限时间

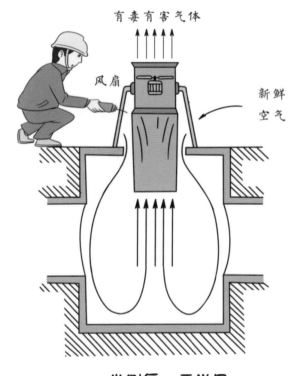

常测氧　要送风

（五）危险化学品使用

危化品　险情多

账卡物　严管控

作业时　熟规程

知危害　有措施

出入库　要清点

作业毕　人清洗

有异常　勿轻处

遇险情　人第一

（六）厂内机动车

驾驶员　须持证

车未检　不上路

厂区行　有禁限

人货物　别混载

忌劳累　禁酒驾

禁空挡　防溜车

（七）高处作业

登高前　定等级

定措施　须体检

安全登高注意事项

按规程　逐项全

缺监护　禁作业

安全帽　安全带

安全网　不可缺

天气恶　禁作业

143

高温热　忌作业

轻质顶　不能踩

洞口边　要设防

上下时　走通道

递器材　禁抛扔

（八）动火作业

要动火　须三按

动火证　不可缺

易燃物　全搬离

措施全　监护到

作业前　换洗清

　　未检测　不动火

防爆区　忌金属

除静电　勿敲撞

（九）防火

辨风险　措施全

器材物　常维护

消防道　勿堆堵

逃生门　禁上锁

防火区　禁住宿

（十）起重装卸

辨物重　配工具

吊装卸　观区域

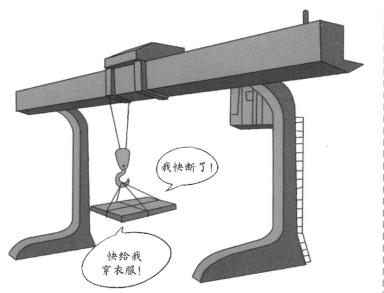

角尖锐　要垫护

物失稳　对重心

物离地　人离物

吊物下·　勿停行

禁超载　防歪斜

起重吊装"十不吊"

十不吊　最重要

（十一）建筑安装

进工地　细观察

守规程　莫乱闯

上岗前　要培训
　　知风险　明措施

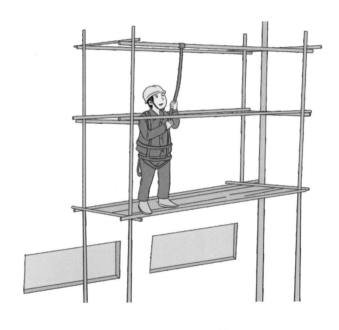

防护品　不可缺

159

作业时　须规范

（十二）职业病防护

生产中　有危害

职业病　重预防

从业者　必体检

知危害　懂防护

162

作业时　要防护

有疑症　须查明
确病情　速送医

（十三）消防常识

（1）灭火器使用

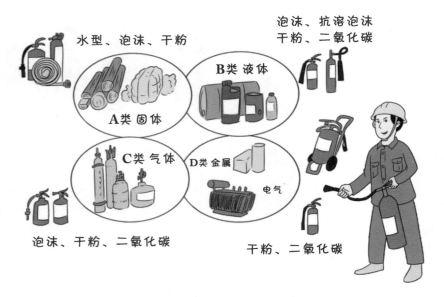

水型、泡沫、干粉

泡沫、抗溶泡沫
干粉、二氧化碳

A类 固体

B类 液体

C类 气体

D类 金属

电气

泡沫、干粉、二氧化碳

干粉、二氧化碳

灭火器　分类用

保险销　先拔去

一只手　握喷嘴
　　另只手　握压把

火焰根　要对准

左右摇　近及远

快速推　火势灭

不留残　防复燃

（2）高楼火灾

火初起　及时灭

火蔓延　速逃生

逃生路　要记牢

走楼梯　避电梯

人低伏　捂口鼻

轻呼吸　快步行

逃生物　放手边
　　结绳索　性命安

（3）人员密集场所火灾

遇火险　速撤离

按标志　快疏散

莫慌张　静观察

避人群　避窄道

烟火浓　要湿身

护口鼻　人躬身

弃重物　快步走

勿拥挤　防摔跌

（4）汽车火灾

车起火　险情急

小火起　灭火器

烟火大　破窗逃

财与物　勿贪恋

灭火时　选上风

　　对准后　快速灭

火烧身　脱衣滚

护头部　跳车逃

（十四）集体活动

搞活动　重应急

　　无保障　不参与

听指挥　守纪律

不独行　别掉队

有病症　要告知

181

食不明　勿入口

危险地　不擅行